Comprender la Inteligencia Artificial:

Comprender la Inteligencia Artificial:

Pasado, Presente y Futuro

James Lacroix

ÍNDICE

INTRODUCCIÓN

En este siglo XXI, la Inteligencia Artificial (IA) se ha convertido en una de las tecnologías más transformadoras, que ha ayudado enormemente en numerosos aspectos cotidianos de la vida, en la reconfiguración de las industrias, en la modificación de los estilos de vida personales y en el desafío a nuestra comprensión misma de la inteligencia.

Desde los smartphones que llevamos con nosotros, hasta los algoritmos que impulsan las recomendaciones en línea.

Te interesará saber que la IA está en todas partes, e incluso influye en aspectos de nuestras vidas cotidianas.

Sin embargo, a pesar de su presencia generalizada, la IA sigue siendo un misterio para muchos, envuelta en una terminología compleja y conceptos de alto nivel que pueden parecer distantes de las experiencias cotidianas. Este libro tiene como objetivo cerrar esa brecha, desmitificando la IA al explicar qué es, de dónde proviene y cómo nos afecta en la actualidad.

Para entender la IA, es necesario saber que ésta no es una única tecnología, sino más bien un término global para referirse a un conjunto de herramientas y métodos diseñados para imitar las habilidades cognitivas humanas, tales como el aprendizaje, el razonamiento y la resolución de problemas. Estas capacidades permiten a la IA realizar tareas que tradicionalmente requerían de la inteligencia humana, desde reconocer imágenes y comprender el lenguaje hablado hasta hacer predicciones complejas basadas en datos. El desarrollo de la IA ha introducido herramientas como el aprendizaje automático, las redes neuronales y el aprendizaje profundo, cada una añadiendo nuevas capas de capacidad a las máquinas y empujando los límites de lo que es posible.

El origen de la IA se remonta a mediados del siglo XX, cuando estaba arraigada en los primeros intentos filosóficos y científicos por definir la inteligencia. Con avances clave, como la invención del Test de Turing y la creación de los primeros sistemas expertos, los investigadores sentaron las bases de la IA tal como la conocemos. A lo largo de los años, la IA ha atravesado períodos de gran progreso y también de notables contratiempos, a menudo denominados "inviernos de la IA", cuando el financiamiento y el interés decayeron. Sin embargo, los avances recientes en la potencia informática, la disponibilidad de datos y las técnicas algorítmicas han dado lugar a un renacimiento, acercando a la IA a cumplir algunas de sus promesas largamente sostenidas.

Hoy en día, la tecnología de la IA permea casi todos los sectores, desde la salud y la educación hasta las finanzas y el entretenimiento. Impulsa asistentes personales como Siri y Alexa, mejora los diagnósticos médicos, automatiza procesos empresariales repetitivos e incluso conduce vehículos autónomos. Con aplicaciones tan variadas, la influencia de la IA se extiende a ámbitos individuales, educativos y corporativos, transformando la manera en que interactuamos, aprendemos y trabajamos. Sin embargo, junto a sus beneficios, la IA también plantea cuestiones éticas sobre la privacidad, la seguridad y el futuro del empleo, por lo que es esencial que todos comprendan sus impactos.

Mirando hacia el futuro, la IA tiene el potencial de desbloquear soluciones para algunos de los mayores desafíos de la humanidad, desde el cambio climático hasta la salud global. Al mismo tiempo, las preocupaciones sobre el posible mal uso o desarrollo no regulado de la IA están impulsando discusiones globales sobre una gobernanza responsable de la IA. Este libro explorará no solo el potencial y los usos actuales de la IA, sino también las consideraciones y responsabilidades que conlleva.

Ya sea que sientas curiosidad por saber cómo la IA afecta tu vida personal, estés interesado en cómo está transformando la educación o busques entender su rol en el mundo empresarial moderno, este libro te proporcionará una guía completa. Al final, tendrás una comprensión fundamental de los conceptos clave de la IA, de su historia y de sus posibilidades—tanto para el presente como para los años venideros. Con este conocimiento, estarás mejor preparado para navegar en un mundo impulsado por la IA, tomando decisiones informadas sobre cómo interactuar y beneficiarte de esta poderosa tecnología.

¿Qué es la Inteligencia Artificial?

En los últimos años, la Inteligencia Artificial (IA) se ha convertido en una palabra de moda, pero para comprender su verdadero significado, es necesario profundizar en sus definiciones, sus tipos y conceptos fundamentales.

A pesar de su creciente ubicuidad, la IA sigue siendo un campo complejo y a menudo malinterpretado. Este capítulo aclarará qué es la IA, sus diferentes tipos y los conceptos clave que sustentan su desarrollo, incluyendo el aprendizaje automático, el aprendizaje profundo y las redes neuronales. Además, exploraremos las diferencias entre la IA, el aprendizaje automático y la ciencia de datos para ofrecer una comprensión integral.

Definiciones y Tipos de IA

La inteligencia artificial, en esencia, se refiere a la capacidad de las máquinas para realizar tareas que normalmente requieren inteligencia humana. Estas tareas incluyen aprender de la experiencia, comprender el lenguaje, reconocer patrones, resolver problemas y tomar decisiones. Los sistemas de IA están diseñados para imitar las funciones cognitivas que asociamos con la mente humana, tales como el razonamiento, el aprendizaje, la resolución de problemas, la percepción y la comprensión del lenguaje.

La inteligencia artificial es bastante amplia, pero puede categorizarse en tres tipos principales, según sus capacidades: IA estrecha, IA general e IA superinteligente.

1. IA estrecha (IA débil): La forma más común de IA en el mundo actual. La IA estrecha está diseñada para realizar tareas específicas dentro de un ámbito limitado. Estos sistemas están altamente especializados y destacan en sus funciones designadas, como el reconocimiento facial, la traducción de idiomas o el ajedrez. Sin embargo, carecen de capacidad de generalización más allá de las tareas para las que han sido entrenados. Por ejemplo, aunque un chatbot impulsado por IA podría conversar contigo sobre planes de viaje, no puede empezar de repente a diagnosticar condiciones médicas o conducir un automóvil de forma autónoma sin una programación específica para esas tareas.

2. IA general (IA fuerte): La IA general se refiere a una forma hipotética de IA que posee la capacidad de comprender, aprender y aplicar conocimientos en una amplia gama de tareas, de manera similar a la de un ser humano. Sería capaz de resolver problemas de forma independiente y podría transferir conocimientos de un dominio a otro. Aunque las tecnologías actuales de IA han logrado avances impresionantes, aún no hemos desarrollado sistemas que

exhiban verdaderas capacidades de IA general. Lograr esto requeriría que las máquinas demostraran una comprensión, conciencia y razonamiento similares a los humanos, lo cual sigue siendo un concepto teórico por el momento.

3. IA superinteligente: Esto representa un nivel de inteligencia que supera las capacidades cognitivas humanas. La IA superinteligente no sólo realizaría tareas con una eficiencia sobrehumana, sino que también podría comprender conceptos y resolver problemas que actualmente están más allá de la comprensión humana. La idea de una IA superinteligente plantea importantes cuestiones éticas y existenciales, ya que podría dar lugar a escenarios en los que los sistemas de IA superen el control humano. Sin embargo, este nivel de IA sigue siendo especulativo, y es objeto de debates continuos entre investigadores y éticos.

Conceptos Clave en la IA: Aprendizaje Automático, Aprendizaje Profundo y Redes Neuronales

Para entender la mecánica detrás de la IA, es necesario explorar conceptos clave, como el aprendizaje automático, el aprendizaje profundo y las redes neuronales. Estos son los fundamentos que han impulsado el reciente auge en las capacidades y aplicaciones de la IA.

1. Aprendizaje Automático: El aprendizaje automático (ML) es una rama de la IA que permite a los sistemas aprender a partir de datos y mejorar con el tiempo sin ser programados explícitamente. La programación tradicional implica escribir instrucciones explícitas para que una computadora las siga, pero el aprendizaje automático permite que los sistemas

identifiquen patrones en grandes conjuntos de datos y realicen predicciones o tomen decisiones basadas en esos patrones. La idea central del ML es que un modelo puede entrenarse con un conjunto de datos para reconocer patrones y hacer predicciones precisas sobre datos nuevos y no vistos.

El aprendizaje automático puede clasificarse en tres tipos principales:

• Aprendizaje Supervisado: En el aprendizaje supervisado, el modelo se entrena con un conjunto de datos etiquetado, donde cada entrada tiene una salida correcta correspondiente. El algoritmo aprende comparando sus predicciones con las etiquetas reales y ajustando sus parámetros para minimizar errores. Aplicaciones comunes incluyen la detección de spam, la clasificación de imágenes y la analítica predictiva.

• Aprendizaje No Supervisado: El aprendizaje no supervisado implica entrenar un modelo con datos sin etiquetas explícitas. El algoritmo intenta identificar patrones ocultos o agrupaciones dentro de los datos. La agrupación (por ejemplo, segmentación de clientes) y la reducción de dimensionalidad (por ejemplo, visualización de datos) son ejemplos comunes de técnicas de aprendizaje no supervisado.

• Aprendizaje por Refuerzo: En el aprendizaje por refuerzo, un agente aprende interactuando con su entorno y recibiendo retroalimentación en forma de recompensas o penalizaciones. El objetivo es aprender una política que maximice las recompensas acumulativas a lo largo del tiempo. El aprendizaje por refuerzo se utiliza ampliamente en robótica, videojuegos y vehículos autónomos.

1. Aprendizaje Profundo: El aprendizaje profundo es una rama especializada del aprendizaje automático que utiliza redes neuronales con múltiples capas (de ahí el término "profundo") para procesar y analizar datos. El aprendizaje profundo ha ganado notoriedad debido a su éxito en el manejo de tareas complejas como el reconocimiento de imágenes y voz, el procesamiento del lenguaje natural e incluso en superar a campeones humanos en juegos como el Go.

La estructura de los modelos de aprendizaje profundo les permite extraer automáticamente características de los datos sin procesar, eliminando la necesidad de una ingeniería de características manual. Por ejemplo, en el reconocimiento de imágenes, un modelo de aprendizaje profundo puede aprender a identificar bordes, formas y objetos en imágenes sin intervención humana. La profundidad de la red, o el número de capas, es un factor clave en su capacidad para capturar patrones intrincados en los datos.

1. Redes Neuronales: Las redes neuronales son los bloques fundamentales de construcción de los modelos de aprendizaje profundo. Inspiradas en la estructura del cerebro humano, las redes neuronales consisten en nodos interconectados (neuronas) organizados en capas. Cada neurona recibe una entrada, la procesa utilizando una función matemática y transmite la salida a la siguiente capa. La red ajusta sus parámetros (pesos y sesgos) durante el entrenamiento para minimizar la diferencia entre las salidas previstas y las reales.

Existen varios tipos de redes neuronales, cada una adecuada para diferentes tareas:

• Redes Neuronales Convolucionales (CNNs): Las CNNs se utilizan principalmente para el procesamiento de imágenes y vídeos. Pueden detectar automáticamente patrones como bordes, texturas y formas en datos visuales.

• Redes Neuronales Recurrentes (RNNs): Las RNNs están diseñadas para datos secuenciales, como series temporales o texto en lenguaje natural. Cuentan con mecanismos de memoria que les permiten retener información de entradas anteriores, lo que las hace efectivas para tareas como la traducción de idiomas y el reconocimiento de voz.

• Redes Generativas Antagónicas (GANs): Las GANs consisten en dos redes neuronales—un generador y un discriminador—que compiten entre sí. Las GANs se utilizan para generar imágenes realistas, vídeos e incluso contenido deepfake (contenido manipulado mediante IA).

La diferencia entre IA, Aprendizaje Automático y Ciencia de Datos

Aunque la IA, el Aprendizaje Automático y la ciencia de datos se utilizan a menudo de manera intercambiable, también son campos distintos con enfoques diferentes:

1. Inteligencia Artificial (IA): La IA es el campo general que se ocupa de crear máquinas que puedan imitar la inteligencia humana. Abarca una amplia gama de técnicas y aplicaciones, incluyendo el aprendizaje automático, sistemas expertos, robótica y procesamiento de lenguaje natural.

2. Aprendizaje Automático (ML): El ML es una subdisciplina de la IA que se centra específicamente en desarrollar algoritmos que permitan a las máquinas aprender de datos y hacer predicciones basadas en ellos. Es uno de los métodos principales para lograr capacidades de IA, permitiendo que los sistemas mejoren automáticamente a través de la experiencia.

3. Ciencia de Datos: La ciencia de datos es una disciplina más amplia que implica extraer insights y conocimientos de los datos utilizando una combinación de análisis estadístico, aprendizaje automático y visualización de datos. Si bien la IA y el aprendizaje automático suelen formar parte de proyectos de ciencia de datos, el campo también incluye otras técnicas para analizar e interpretar datos, como los métodos estadísticos tradicionales. Los científicos de datos utilizan típicamente el aprendizaje automático como una de las muchas herramientas para resolver problemas específicos, mientras que su enfoque se centra en entender los patrones y tendencias en los datos.

En resumen, la IA es el concepto amplio de máquinas que simulan la inteligencia humana, el aprendizaje automático es un método para lograr la IA mediante el aprendizaje basado en datos, y la ciencia de datos es el campo interdisciplinario que abarca métodos (incluido el aprendizaje automático) para analizar datos y extraer información y perspectivas.

La inteligencia artificial es un campo en rápida evolución con amplias aplicaciones en varios sectores. Comprender las distinciones entre la IA, el aprendizaje automático y la ciencia de datos, así como conceptos clave como el aprendizaje profundo y las redes neuronales, proporciona una base para explorar cómo estas tecnologías moldean nuestro mundo. A medida que seguimos desarrollando sistemas de IA con capacidades cada vez mayores, la línea entre la inteligencia humana y la de las máquinas se vuelve cada vez más difusa, ofreciendo oportunidades emocionantes y presentando nuevos desafíos. El próximo capítulo profundizará en la historia de la IA, rastreando sus orígenes y los desarrollos clave que han llevado al estado actual de esta tecnología transformadora.

La Historia de la IA

En este capítulo, exploraremos los inicios de la IA, los hitos principales, los infames "inviernos de la IA" y los avances significativos que han dado forma a la IA moderna tal como la conocemos hoy.

La historia de la inteligencia artificial es aquella que refleja la curiosidad y la ambición humanas, impulsadas también por el deseo de crear máquinas que aprendan, piensen y razonen como los seres humanos.

Desde sus primeras inspiraciones en mitos antiguos hasta los rápidos avances tecnológicos del siglo XXI, la historia de la IA está llena de descubrimientos, reveses y períodos de intensa exploración. Este capítulo explora los inicios de la IA, los hitos principales, los infames "inviernos de la IA" y los avances significativos que han dado forma a la IA moderna tal como la conocemos hoy.

INICIOS E INSPIRACIONES DE LA IA

La idea de crear máquinas inteligentes no es nueva; tiene profundas raíces en la mitología antigua, la literatura y los primeros inventos mecánicos. La mitología griega presenta relatos de autómatas como Talos, un gigante guerrero de bronce que protegía Creta, y la leyenda del Golem en el folclore judío, una criatura humanoide hecha de arcilla y animada por medios místicos. Estas historias reflejan la fascinación de la humanidad por el concepto de vida e inteligencia artificial.

En los siglos XVII y XVIII, dispositivos mecánicos como el "Autómata" de Wolfgang von Kempelen—una máquina ajedrecista que finalmente se reveló como un engaño— capturaron la imaginación del público. Más fundamentado científicamente, el matemático y filósofo Blaise Pascal desarrolló la Pascalina, una de las primeras calculadoras mecánicas capaces de realizar operaciones aritméticas básicas. Estos primeros dispositivos mecánicos sentaron las bases para pensar en máquinas que pudieran imitar las funciones cognitivas humanas.

El siglo XX marcó la formalización de muchas ideas fundamentales en la IA. En 1950, el matemático británico Alan Turing publicó su influyente artículo, "Computing Machinery and Intelligence" ("Maquinaria computacional e Inteligencia"), en el que introdujo el concepto de una máquina que pudiera simular cualquier proceso cognitivo humano. Turing propuso el famoso "Test de Turing", un método para determinar si una máquina podía exhibir un comportamiento indistinguible del de un ser humano. El Test de Turing sigue siendo un concepto fundamental en la investigación en IA, incluso cuando los sistemas modernos continúan desafiando sus premisas.

Hitos Principales en el Desarrollo de la IA

El nacimiento formal de la IA como campo de estudio se remonta a menudo a la Conferencia de Dartmouth de 1956, organizada por los científicos informáticos John McCarthy, Marvin Minsky, Nathaniel Rochester y Claude Shannon. Durante esta conferencia, McCarthy acuñó el término "inteligencia artificial", proponiendo que "cada aspecto del aprendizaje o cualquier otra característica de la inteligencia se puede describir con tanta precisión que se puede fabricar una máquina que lo simule". Esta visión ambiciosa sentó las bases para décadas de investigación y desarrollo en la IA.

En las décadas de 1960 y 1970, la investigación temprana en IA se centró en el desarrollo de la IA simbólica o "la buena y vieja IA" (GOFAI). Los investigadores creían que, al codificar explícitamente el conocimiento y las reglas, las máquinas podrían imitar el razonamiento humano. Uno de los primeros programas de IA exitosos fue el Logic Theorist, desarrollado por Allen Newell y Herbert A. Simon en 1955. El programa fue diseñado para demostrar teoremas matemáticos, y logró demostrar 38 de los primeros 52 teoremas en Principia Mathematica de Whitehead y Russell. Este fue un hito significativo, que demostró el potencial de la IA para abordar problemas lógicos complejos.

Otro sistema temprano de IA, ELIZA, fue desarrollado a mediados de la década de 1960 por Joseph Weizenbaum.

ELIZA fue un programa pionero de procesamiento de lenguaje natural que simulaba una conversación con un psicoterapeuta respondiendo a las entradas del usuario con guiones predefinidos. Aunque ELIZA era relativamente simple, su capacidad para imitar la conversación humana despertó un interés generalizado en el potencial de la IA para la comprensión del lenguaje.

En la década de 1980, los sistemas expertos se convirtieron en un área popular de investigación en IA. Estos sistemas utilizaban lógica basada en reglas para simular los procesos de toma de decisiones de expertos humanos en dominios específicos, como el diagnóstico médico o el análisis financiero. Uno de los sistemas expertos más destacados fue MYCIN, un programa de IA desarrollado en Stanford University para diagnosticar infecciones bacterianas y recomendar antibióticos. El éxito de MYCIN demostró la utilidad práctica de la IA para resolver tareas especializadas e intensivas en conocimiento.

INVIERNOS DE LA IA Y RESURGIMIENTOS

A pesar de los éxitos tempranos, la investigación en IA enfrentó desafíos significativos, lo que llevó a períodos conocidos como "inviernos de la IA". Un invierno de la IA se refiere a un período en el que el entusiasmo, la financiación y la investigación en IA disminuyen significativamente debido a expectativas no cumplidas y limitaciones técnicas.

El primer invierno de la IA ocurrió en la década de 1970 y principios de la de 1980. Los investigadores sobrestimaron las capacidades de los sistemas de IA simbólica, creyendo que codificar el conocimiento humano de manera explícita conduciría a avances rápidos. Sin embargo, estos sistemas tuvieron dificultades con tareas que requerían comprender los matices del lenguaje, la percepción y el razonamiento en el mundo real. Las limitaciones de la IA temprana, combinadas con factores económicos, provocaron una reducción en la financiación y el interés.

El resurgimiento de la IA comenzó a mediados de la década de 1980 con el desarrollo de nuevos enfoques, incluyendo redes neuronales y aprendizaje automático. Los investigadores se dieron cuenta de que, en lugar de programar reglas explícitamente, era más efectivo permitir que las máquinas aprendieran a partir de los datos. La aparición de la retropropagación, un método para entrenar redes neuronales, fue un avance crucial que reavivó el interés en la IA.

Un segundo invierno de la IA se produjo a finales de la década de 1980 y principios de la de 1990. El bombo publicitario en torno a los sistemas expertos se desvaneció, ya que estos no lograron escalar más allá de aplicaciones estrechas y especializadas. Una vez más, la financiación disminuyó y la investigación en IA enfrentó escepticismo por parte de la comunidad científica en general.

Sin embargo, a finales de la década de 1990 se produjo otro punto de inflexión, ya que el poder de cómputo aumentó y los grandes conjuntos de datos se hicieron más accesibles. El desarrollo de máquinas de vectores de soporte y los avances en el razonamiento probabilístico ayudaron a los investigadores en IA a abordar problemas previamente insolubles. Este período sentó las bases para el renacimiento de la IA en el siglo XXI.

AVANCES SIGNIFICATIVOS EN EL SIGLO XXI

'

El siglo XXI ha sido testigo de una explosión de avances en la IA, impulsada por la convergencia de grandes volúmenes de datos, una computación potente y algoritmos innovadores. Uno de los avances más significativos se produjo en 2012, cuando un modelo de deep learning (aprendizaje profundo) desarrollado por Geoffrey Hinton y su equipo en la University of Toronto logró una victoria importante en la competencia ImageNet, un desafío de reconocimiento visual a gran escala. Su modelo, basado en una red neuronal convolucional profunda (CNN), redujo drásticamente la tasa de error en las tareas de clasificación de imágenes y demostró el poder del deep learning.

Otro logro crucial ocurrió en 2016 cuando AlphaGo de Google DeepMind derrotó a Lee Sedol, uno de los mejores jugadores de Go del mundo. Go es un juego de mesa ancestral con más jugadas posibles que átomos en el universo observable, lo que lo convierte en un desafío complejo para la IA. La victoria de AlphaGo fue un testimonio de los avances en deep learning y aprendizaje por refuerzo, demostrando la capacidad de la IA para manejar el pensamiento estratégico y la toma de decisiones a un nivel sin precedentes.

En el procesamiento del lenguaje natural, GPT-3 de OpenAI, lanzado en 2020, representó un avance significativo. GPT-3 es un modelo de lenguaje basado en transformadores capaz de comprender y generar texto similar al humano a partir de indicaciones. Mostró una notable capacidad para desempeñar tareas como la traducción de textos, la generación de resúmenes e incluso la escritura creativa, evidenciando el potencial de la IA para revolucionar la forma en que interactuamos con la tecnología.

El rápido crecimiento de la IA en el siglo XXI ha ido acompañado de una adopción generalizada en diversas industrias. Hoy en día, la IA es una herramienta fundamental en el ámbito de la salud, donde ayuda a diagnosticar enfermedades, predecir resultados de pacientes y acelerar el descubrimiento de fármacos. En el sector financiero, los algoritmos de IA detectan fraudes, automatizan el comercio y ofrecen asesoramiento financiero personalizado. Los vehículos autónomos, impulsados por la IA, están comenzando a revolucionar el transporte, mientras que los sistemas de recomendación impulsados por IA mejoran la experiencia de usuario en plataformas como Netflix, Amazon y Spotify.

La historia de la IA es una narración de la ingeniosidad humana, marcada por momentos de triunfo, periodos de desilusión y una continua innovación. Desde los primeros sueños de crear máquinas inteligentes hasta los avances significativos del siglo XXI, la IA se ha transformado en una tecnología que está moldeando el futuro de la humanidad. El campo ha trascendido el razonamiento simbólico y los sistemas expertos para abrazar el aprendizaje automático, el deep learning y las redes neuronales, abriendo nuevas posibilidades en la percepción, la comprensión del lenguaje y la toma de decisiones autónoma.

A medida que continuamos avanzando en la investigación de la IA, las aplicaciones potenciales parecen ilimitadas. Sin embargo, el camino aún está lejos de terminar, y se avecinan nuevos desafíos y consideraciones éticas. El próximo capítulo explorará el estado actual de la IA, examinando sus capacidades, limitaciones y el papel que desempeña en la configuración de nuestro mundo moderno.

El Estado Actual de la IA

La inteligencia artificial (IA) se ha convertido en una de las tecnologías más transformadoras del siglo XXI, evolucionando rápidamente de un concepto especulativo a una herramienta que impregna casi todas las industrias. Desde el auge de los vehículos autónomos hasta los chatbots que pueden mantener conversaciones casi indistinguibles de las interacciones humanas, el estado actual de la IA demuestra sus notables capacidades. Este capítulo ofrece una visión general de las tecnologías contemporáneas de la IA, los actores clave que impulsan la innovación, los avances recientes y los desafíos éticos que acompañan este rápido desarrollo.

Visión General de las Tecnologías y Capacidades Actuales de la IA

Las tecnologías de IA actualmente abarcan una amplia gama de aplicaciones, desde asistentes de voz como Siri y Alexa hasta sofisticados algoritmos capaces de detectar enfermedades en imágenes médicas. A continuación se presentan algunas áreas clave donde la IA está teniendo impactos significativos:

1. Procesamiento del Lenguaje Natural (NLP): El NLP permite que las máquinas comprendan, interpreten y respondan al lenguaje humano. Los sistemas modernos de NLP pueden realizar tareas como la traducción de textos, el análisis de sentimientos y la generación de contenido. Los modelos de lenguaje a gran escala, como GPT-4 de OpenAI y BERT de Google, han establecido nuevos estándares en la comprensión y generación del lenguaje humano. Estos modelos pueden responder preguntas, generar ensayos e incluso entablar conversaciones complejas con los humanos, convirtiendo al NLP en una de las aplicaciones de la IA más visibles en la vida cotidiana.

2. Visión por Computadora: Esta área de la IA se centra en permitir que las máquinas interpreten y comprendan la información visual del mundo. Los avances en deep learning, en particular las redes neuronales convolucionales (CNNs), han convertido a la visión por computadora en una herramienta poderosa para el reconocimiento de imágenes y videos, el reconocimiento facial e incluso la detección de objetos en tiempo real. Las aplicaciones incluyen la conducción autónoma, donde los sistemas de IA identifican señales de tráfico, peatones y otros vehículos, así como el campo de la salud, donde la IA puede detectar anomalías en exploraciones médicas.

3. Robótica y Automatización: La IA ha desempeñado un papel fundamental en el avance de la robótica, permitiendo que las máquinas realicen tareas complejas que requieren

destreza, precisión y capacidad de toma de decisiones. Los robots impulsados por IA se utilizan cada vez más en la manufactura, la logística e incluso en la salud, donde pueden realizar cirugías con alta precisión. En los vehículos autónomos, los sistemas de IA combinan la visión por computadora, datos de sensores y aprendizaje automático para navegar de manera segura y eficiente.

4. Sistemas de Recomendación: Estos sistemas impulsados por la IA analizan grandes cantidades de datos de usuarios para hacer sugerencias personalizadas. Empresas como Netflix, Amazon y YouTube utilizan algoritmos de recomendación para mejorar la experiencia del usuario, sugiriendo películas, productos o videos relevantes. Estos sistemas se basan en técnicas de aprendizaje automático para predecir qué podría interesar a un usuario en función de sus interacciones y preferencias previas.

5. IA Generativa: La IA generativa, ejemplificada por modelos como DALL-E y Midjourney, puede crear imágenes, música, textos e incluso modelos 3D a partir de insumos proporcionados por el usuario. Estos modelos utilizan arquitecturas de deep learning, tales como las Redes Generativas Antagónicas (GANs) y transformadores, para producir resultados realistas y creativos. La IA generativa se está explorando en diversas industrias, desde el entretenimiento y el marketing hasta el diseño y el desarrollo de productos.

Actores Clave y Organizaciones en la IA

Varias empresas y organizaciones están a la vanguardia de la investigación y el desarrollo de la IA, contribuyendo cada una al rápido crecimiento del campo. A continuación se presentan algunas de las entidades más influyentes:

1. Google DeepMind: DeepMind, una filial de Alphabet Inc., es reconocida por su innovador trabajo en la IA. Obtuvo reconocimiento mundial en 2016 cuando su programa AlphaGo derrotó al campeón mundial Lee Sedol en el juego de Go, un hito significativo en el desarrollo de la IA. DeepMind continúa empujando los límites con investigaciones en aprendizaje por refuerzo, salud y la ética en la IA.

2. OpenAI: Fundada con la misión de asegurar que la inteligencia artificial general (AGI) beneficie a toda la humanidad, OpenAI ha sido pionera en el desarrollo de modelos de lenguaje de vanguardia como GPT-3 y GPT-4. Estos modelos han establecido nuevos puntos de referencia en la comprensión y generación del lenguaje natural, demostrando capacidades que van desde la redacción de ensayos coherentes hasta la generación de contenido creativo.

3. Microsoft: Microsoft ha realizado inversiones significativas en la IA, integrándola en su conjunto de productos, como Azure AI, y colaborando con OpenAI para llevar modelos avanzados de lenguaje a sus servicios en la nube. Su investigación en IA se centra en mejorar la productividad, desarrollar una IA responsable y avanzar en áreas como el aprendizaje automático y la visión por computadora.

4. IBM Watson: Watson de IBM fue uno de los primeros sistemas de IA en captar la atención generalizada por su victoria en el concurso Jeopardy! en 2011. Desde entonces, Watson se ha transformado en una plataforma de IA versátil que ofrece soluciones en salud, finanzas y atención al cliente.

El enfoque de IBM en una IA explicable y en el desarrollo ético de la IA lo distingue en la industria.

5. NVIDIA: Conocida por sus potentes unidades de procesamiento gráfico (GPUs), NVIDIA desempeña un papel crucial en la investigación y despliegue de la IA. Su hardware es esencial para entrenar modelos de deep learning, y la empresa se ha expandido en el desarrollo de software con frameworks de IA como CUDA y cuDNN. Las GPUs de NVIDIA se han convertido en la columna vertebral de la infraestructura moderna de la IA.

6. Amazon y Meta (Facebook): Tanto Amazon como Meta han invertido fuertemente en la IA, centrándose en mejorar la experiencia del usuario, optimizar las operaciones e innovar en campos emergentes como la realidad aumentada (AR) y la realidad virtual (VR). El motor de recomendación impulsado por IA de Amazon y los avances de Meta en la moderación de contenido y visión por computadora impulsados por IA son solo algunos ejemplos de sus contribuciones.

Avances Recientes en la IA

Los últimos años han sido testigos de varios avances notables en la IA en diversos ámbitos:

1. Procesamiento del Lenguaje Natural (NLP): El desarrollo de modelos basados en transformadores, como GPT-4 y BERT, ha revolucionado el NLP. Estos modelos pueden realizar tareas como completar textos, traducir y resumir con una precisión sin precedentes. Su capacidad para generar respuestas similares a las humanas ha abierto nuevas

posibilidades en la atención al cliente, la creación de contenido y la educación.

2. Reconocimiento de Imágenes y Visión por Computadora: Los avances en deep learning han mejorado significativamente la precisión de los sistemas de reconocimiento de imágenes. Aplicaciones como el reconocimiento facial, la imagen médica y la navegación en vehículos autónomos se han beneficiado de estas mejoras. DeepMind de Google desarrolló recientemente un modelo de IA capaz de diagnosticar más de 50 enfermedades oculares a partir de exploraciones retinianas, demostrando el potencial de la IA en el campo de la salud.

3. Robótica: La IA ha mejorado la robótica, haciéndola más capaz de realizar tareas complejas. Boston Dynamics, por ejemplo, ha desarrollado robots como Spot y Atlas, que pueden navegar por terrenos irregulares, bailar e incluso practicar parkour. Estos avances demuestran el potencial de los robots impulsados por IA en la respuesta a desastres, la logística y las aplicaciones industriales.

4. IA en el Descubrimiento de Fármacos: La IA ha logrado avances significativos en el sector de la salud, especialmente en el descubrimiento de fármacos. Empresas como DeepMind e Insilico Medicine utilizan la IA para identificar posibles compuestos candidatos y predecir su eficacia. El rápido desarrollo de las vacunas contra el COVID-19, apoyado por la investigación impulsada por IA, destacó el potencial de esta tecnología para acelerar los procesos de descubrimiento de fármacos.

Consideraciones Éticas, Sesgo en la IA y Desarrollo Responsable de la IA

A medida que las tecnologías de IA avanzan, también lo hacen las preocupaciones sobre sus implicaciones éticas. Los problemas clave incluyen el sesgo en los algoritmos de IA, preocupaciones sobre la privacidad y el potencial de mal uso.

1. Sesgo en la IA: Los sistemas de IA pueden perpetuar e incluso amplificar los sesgos presentes en los datos de entrenamiento. Por ejemplo, los algoritmos de reconocimiento facial han mostrado tasas de error más altas para personas de color, lo que genera preocupaciones sobre el sesgo racial y la discriminación. Abordar el sesgo en la IA requiere conjuntos de datos diversos, una evaluación cuidadosa de los modelos y prácticas de diseño inclusivas.

2. Preocupaciones sobre la Privacidad: La capacidad de los sistemas de IA para recopilar, analizar e inferir información de grandes conjuntos de datos genera problemas significativos de privacidad. Las empresas y gobiernos que utilizan la IA para la vigilancia o el análisis de datos pueden infringir inadvertidamente los derechos de privacidad de las personas. Garantizar la protección de datos y desarrollar sistemas de IA transparentes son pasos cruciales para mitigar estas preocupaciones.

3. Desplazamiento Laboral: La automatización impulsada por la IA tiene el potencial de reemplazar ciertos empleos, particularmente aquellos que implican tareas repetitivas. Aunque la IA puede crear nuevas oportunidades, también representa un desafío para los trabajadores en industrias vulnerables a la automatización. Los responsables de formular

políticas y las empresas deben trabajar juntos para reentrenar a la fuerza laboral y prepararse para el mercado laboral en evolución.

4. Desarrollo Responsable de la IA: A medida que la IA se vuelve más poderosa, existe una creciente necesidad de directrices éticas que aseguren su desarrollo responsable. Iniciativas como las Directrices de Ética en la IA de la Unión Europea y los esfuerzos de investigación de organizaciones como el Partnership on AI se centran en promover la equidad, la transparencia y la responsabilidad en los sistemas de IA.

El estado actual de la IA se caracteriza por avances rápidos y una adopción generalizada en diversos sectores. Desde el procesamiento del lenguaje natural hasta la robótica, las capacidades de la IA están en expansión, impulsadas por actores clave e innovaciones revolucionarias. Sin embargo, el auge de la IA también trae desafíos éticos que deben abordarse para garantizar su uso responsable y equitativo. A medida que avanzamos, comprender el equilibrio entre aprovechar el potencial de la IA y mitigar sus riesgos será crucial para dar forma a su impacto en la sociedad. El próximo capítulo profundizará en las aplicaciones de la IA en la vida cotidiana, explorando cómo está transformando las experiencias personales, educativas y empresariales.

Casos de Uso Personal de la IA

La Inteligencia Artificial (IA) se ha convertido en una parte integral de nuestras vidas diarias, a menudo de maneras que ni siquiera nos damos cuenta. Desde recomendaciones personalizadas en plataformas de streaming hasta asistentes virtuales que ayudan a gestionar nuestros horarios, la IA está presente en numerosas aplicaciones, haciendo nuestras vidas más convenientes y eficientes. Este capítulo explora cómo se utiliza la IA en la vida cotidiana, su papel en la salud y el bienestar, y consejos prácticos para aprovechar las herramientas de IA y aumentar la productividad y la comodidad.

La IA en la Vida Cotidiana

La IA se ha integrado de manera fluida en nuestras actividades diarias, mejorando la forma en que interactuamos con la tecnología y el mundo que nos rodea. Aquí se presentan algunas de las formas más comunes en que la IA impacta nuestras rutinas diarias:

1. Asistentes Virtuales:

Asistentes virtuales como Siri, Google Assistant y Alexa se encuentran entre los ejemplos más visibles del uso personal de la IA. Estas herramientas impulsadas por IA utilizan el procesamiento del lenguaje natural (PLN) para entender comandos de voz, responder preguntas, reproducir música, programar recordatorios y controlar dispositivos inteligentes para el hogar. Al aprender de las interacciones con los usuarios, se vuelven más hábiles en predecir necesidades y personalizar respuestas.

2. Sistemas de Recomendación:

Los sistemas de recomendación están presentes en todas partes en la era digital. Plataformas como Netflix, YouTube, Amazon y Spotify utilizan algoritmos de IA para analizar el comportamiento y las preferencias de los usuarios, ofreciendo recomendaciones personalizadas de películas, productos o música. Estos sistemas utilizan el aprendizaje automático para predecir qué contenido es probable que disfruten los usuarios, aumentando el compromiso y la satisfacción.

3. Dispositivos Inteligentes para el Hogar:

Los dispositivos inteligentes para el hogar impulsados por IA han transformado la manera en que gestionamos las tareas del hogar. Productos como termostatos inteligentes (por ejemplo, Nest), luces inteligentes (por ejemplo, Philips Hue) y altavoces inteligentes (por ejemplo, Amazon Echo) utilizan la IA para aprender las preferencias del usuario y automatizar funciones del hogar. Por ejemplo, un termostato inteligente puede aprender tu horario y ajustar la temperatura en consecuencia, optimizando el uso de energía y aumentando el confort.

4. Redes Sociales:

Plataformas de redes sociales como Facebook, Instagram y Twitter se basan en la IA para mejorar la experiencia del usuario. Los algoritmos de IA analizan las interacciones, las preferencias y el compromiso de los usuarios para seleccionar contenidos personalizados. Además, la IA se utiliza para filtrar contenido inapropiado, detectar noticias falsas y ofrecer publicidad dirigida, adaptando la experiencia del usuario a intereses individuales.

5. Navegación y Viajes:

La IA ha mejorado significativamente las herramientas de navegación como Google Maps y Waze. Estas aplicaciones utilizan algoritmos de aprendizaje automático para analizar datos de tráfico en tiempo real, predecir tiempos de viaje y sugerir las rutas más rápidas. Además, la IA impulsa servicios de transporte como Uber y Lyft, emparejando a los pasajeros con los conductores, estimando tarifas y optimizando rutas para mayor eficiencia.

Salud y Bienestar

El papel de la IA en la salud y el bienestar se ha expandido rápidamente, ofreciendo soluciones innovadoras que ayudan a las personas a monitorear su salud, mantener la forma física y mejorar el bienestar general. Aquí hay algunas áreas clave donde la IA está teniendo un impacto significativo:

1. Rastreadores de Actividad Física y Dispositivos Wearables:

Dispositivos wearables impulsados por IA como Fitbit, Apple Watch y Garmin utilizan sensores para recopilar datos sobre actividad física, ritmo cardíaco, patrones de sueño y más. Estos dispositivos analizan la información utilizando algoritmos de aprendizaje automático para ofrecerte una visión sobre tu salud y estado físico. Por ejemplo, pueden contar tus pasos diarios, monitorear la calidad de tu sueño e incluso detectar ritmos cardíacos irregulares. Al ofrecer recomendaciones personalizadas, ayudan a los usuarios a establecer metas y tomar decisiones informadas sobre su salud.

2. Aplicaciones para la Salud Mental:

Aplicaciones de salud mental impulsadas por IA como Woebot y Wysa utilizan PLN y aprendizaje automático para brindar apoyo en salud mental. Estos chatbots interactúan con los usuarios en conversaciones para ayudarles a manejar el estrés, la ansiedad y la depresión. Al usar la IA para analizar las entradas de los usuarios, estas aplicaciones pueden ofrecer estrategias de afrontamiento, ejercicios de atención plena y otras intervenciones terapéuticas. Aunque no sustituyen la terapia profesional, estas herramientas brindan un apoyo accesible y conveniente para las personas que buscan mejorar su bienestar mental.

3. Planificación Nutricional y Dietética:

Las aplicaciones de IA se están utilizando cada vez más en la planificación de dietas y nutrición. Aplicaciones como MyFitnessPal y Lose It! aprovechan la IA para rastrear el consumo de alimentos, sugerir recetas saludables y proporcionar información sobre hábitos nutricionales. Al analizar los datos de los usuarios, estas aplicaciones pueden ofrecer recomendaciones personalizadas para lograr objetivos específicos de salud, como la pérdida de peso o el aumento de masa muscular.

4. Telemedicina y Asistentes de Salud Virtuales:

El auge de la telemedicina se ha acelerado gracias a las tecnologías de IA que mejoran los servicios de atención médica remota. Asistentes de salud virtuales como Babylon Health y Ada Health utilizan la IA para evaluar síntomas, sugerir posibles condiciones y recomendar pasos a seguir. Al analizar los síntomas reportados por los usuarios y su historial médico, estas aplicaciones ayudan a las personas a tomar decisiones informadas sobre la búsqueda de atención médica.

Consejos para Aprovechar las Herramientas de IA para la Productividad y la Comodidad

Las herramientas de IA pueden mejorar significativamente la productividad y hacer que las tareas diarias sean más convenientes. Aquí se presentan algunos consejos prácticos sobre cómo aprovechar estas tecnologías de manera efectiva:

1. Automatiza Tareas de Rutina con Asistentes Virtuales:

Asistentes virtuales como Siri, Alexa y Google Assistant pueden ayudar a automatizar tareas de rutina, ahorrando tiempo y esfuerzo. Puedes configurar recordatorios, programar reuniones, enviar mensajes de texto e incluso controlar dispositivos inteligentes para el hogar mediante comandos de voz. Por ejemplo, puedes pedirle a tu asistente que reproduzca música, apague las luces o te recuerde una cita próxima, simplificando tus actividades diarias.

2. Utiliza Aplicaciones de Productividad Impulsadas por IA:

Varias aplicaciones impulsadas por IA pueden aumentar la productividad al automatizar tareas repetitivas y mejorar la gestión del tiempo. Herramientas como Grammarly utilizan IA para asistir en la redacción, ofreciendo sugerencias para mejorar la gramática, la claridad y el estilo, haciendo que tus correos electrónicos y documentos sean más pulidos. Aplicaciones como Otter.ai proporcionan servicios de transcripción automática, convirtiendo el habla en texto, lo cual es particularmente útil para notas de reuniones o entrevistas.

Además, herramientas de gestión de proyectos impulsadas por IA como Trello y Asana pueden ayudarte a organizar tareas, establecer plazos y colaborar con los miembros del equipo de manera más efectiva. Al analizar tus patrones de trabajo, estas aplicaciones pueden ofrecer información y sugerir formas de optimizar tu flujo de trabajo.

3. Mejora tu Aprendizaje con Herramientas Educativas de IA:

La IA ha revolucionado la forma en que aprendemos y adquirimos nuevas habilidades. Plataformas como Duolingo y Khan Academy utilizan algoritmos de aprendizaje automático para adaptar las lecciones en función del progreso individual y la velocidad de aprendizaje. Estos sistemas de aprendizaje adaptativo ajustan la dificultad de los ejercicios según tu rendimiento, proporcionando una experiencia de aprendizaje personalizada.

Para aquellos que buscan mejorar sus habilidades, los modelos de lenguaje impulsados por IA como ChatGPT pueden ser recursos valiosos. Puedes utilizar estos modelos para hacer preguntas, obtener explicaciones o generar ideas, lo que los convierte en útiles compañeros de estudio.

4. Optimiza tus finanzas con herramientas financieras impulsadas por IA:

Las herramientas de IA pueden ayudarte a gestionar tus finanzas ofreciendo consejos personalizados, haciendo seguimiento de tus gastos y automatizando las inversiones. Aplicaciones como Mint y PocketGuard analizan tus datos financieros para brindar perspectivas sobre tus hábitos de gasto, sugerir estrategias de presupuestación y alertarte sobre posibles ahorros.

Los robo-advisors como Betterment y Wealthfront utilizan algoritmos de IA para crear y gestionar carteras de inversión en función de tus objetivos financieros y tu tolerancia al riesgo. Al automatizar el proceso de inversión, estas herramientas facilitan a las personas hacer crecer su riqueza sin necesidad de un conocimiento financiero profundo.

5. Mantente saludable con aplicaciones de bienestar impulsadas por IA:

Las aplicaciones de salud y bienestar impulsadas por IA pueden ayudarte a mantener un estilo de vida saludable. Por ejemplo, aplicaciones de fitness como Freeletics utilizan IA para crear planes de entrenamiento personalizados basados en tu nivel de condición física y tus objetivos. Las aplicaciones de meditación como Calm y Headspace aprovechan la IA para ofrecer ejercicios de atención plena personalizados que se adaptan a tus niveles de estrés y preferencias.

Al utilizar estas aplicaciones de manera regular, puedes realizar un seguimiento de tu progreso, establecer metas realistas y recibir recomendaciones personalizadas para mejorar tu bienestar.

6. Mejora la seguridad de tu hogar con IA:

Los sistemas de seguridad doméstica impulsados por IA proporcionan una protección mejorada para tu hogar. Dispositivos como las cámaras Ring y los sistemas de seguridad Nest utilizan IA para detectar actividades inusuales, reconocer rostros y enviar alertas a tu smartphone. Estos sistemas pueden distinguir entre diferentes tipos de movimientos, como un coche que pasa o una persona acercándose a tu puerta principal, reduciendo las falsas alarmas y aumentando la precisión de las alertas.

La presencia de la IA en nuestras vidas cotidianas está creciendo constantemente, ofreciendo una amplia gama de herramientas y aplicaciones que mejoran la comodidad, la productividad y el bienestar. Ya sea a través de asistentes virtuales que organizan nuestros horarios, rastreadores de actividad física que monitorean nuestra salud o aplicaciones financieras que nos ayudan a gestionar nuestros presupuestos, la IA se ha convertido en un compañero valioso para gestionar las tareas diarias.

La integración de la IA en casos de uso personal demuestra su potencial para facilitar y hacer más eficiente la vida. A medida que estas tecnologías continúan evolucionando, podemos esperar aplicaciones aún más innovadoras que se adapten a las necesidades y preferencias individuales. Al adoptar las herramientas de IA y aprender a utilizarlas de manera efectiva, las personas pueden alcanzar nuevos niveles de productividad, mejorar su bienestar y simplificar sus rutinas diarias.

En el próximo capítulo, exploraremos las aplicaciones educativas de la IA, examinando cómo esta tecnología está transformando la forma en que aprendemos, enseñamos y adquirimos nuevas habilidades. Desde plataformas de aprendizaje personalizadas hasta sistemas inteligentes de tutoría, la IA está moldeando el futuro de la educación, haciéndola más accesible, eficiente y adaptada a las necesidades individuales.

Aplicaciones Educativas de la IA

La Inteligencia Artificial (IA) está revolucionando el sector educativo, ofreciendo nuevas herramientas y métodos para mejorar las experiencias de enseñanza y aprendizaje. Desde plataformas de aprendizaje en línea personalizadas hasta herramientas de investigación impulsadas por IA, este capítulo explora las diversas aplicaciones educativas de la IA, su impacto en el desarrollo de habilidades y cómo los educadores pueden aprovechar estas tecnologías para preparar a los estudiantes para el mercado laboral del futuro.

La IA en las Aulas y en Plataformas de Aprendizaje en Línea

En las aulas tradicionales y los entornos de aprendizaje en línea, la IA está desempeñando un papel cada vez más importante en la transformación de la forma en que se imparte la educación. El uso de la IA en la educación se puede ver en diversos formatos, desde sistemas de aprendizaje adaptativo hasta tutorías inteligentes.

1. Sistemas de Aprendizaje Adaptativo:

Los sistemas de aprendizaje adaptativo utilizan algoritmos de IA para adaptar el contenido educativo a las necesidades individuales de los estudiantes. Estos sistemas analizan continuamente el rendimiento de un estudiante, identifican áreas de debilidad y ajustan la dificultad de los ejercicios en consecuencia. Por ejemplo, plataformas como Khan Academy y Coursera utilizan IA para recomendar lecciones o cuestionarios basados en el progreso del alumno. Este enfoque personalizado ayuda a los estudiantes a aprender a su propio ritmo, mejorando la comprensión y retención.

2. Sistemas de Tutoría Inteligente (ITS):

Los sistemas de tutoría inteligente son programas impulsados por IA que proporcionan orientación y retroalimentación personalizada a los estudiantes. Estos sistemas simulan una tutoría personalizada al comprender las respuestas del alumno y ofrecer pistas o explicaciones para ayudar a asimilar conceptos complejos. Ejemplos de ello son plataformas como Carnegie Learning, que ofrece tutorías personalizadas de matemáticas, y Watson Tutor de IBM, que brinda asistencia en diversas materias. Los ITS ayudan a cerrar la brecha entre la enseñanza tradicional en el aula y la instrucción individualizada, haciendo que el aprendizaje sea más interactivo y eficaz.

3. Aulas Virtuales y Herramientas de Aprendizaje Mejoradas con IA:

El auge de las aulas virtuales ha acelerado la adopción de herramientas impulsadas por IA que facilitan el aprendizaje interactivo. Por ejemplo, la IA puede utilizarse para transcribir conferencias en tiempo real, lo que facilita que los estudiantes sigan la lección y revisen el material posteriormente. Además, la IA puede analizar la participación de los estudiantes en debates en línea, identificando patrones y proporcionando información a los instructores sobre los niveles de compromiso.

Los asistentes de enseñanza virtuales, como Jill Watson de Georgia Tech, son chatbots impulsados por IA que ayudan a responder preguntas de los estudiantes, proporcionar recursos y asistir en tareas administrativas. Estas herramientas no solo mejoran la experiencia de aprendizaje, sino que también liberan tiempo para que los educadores se concentren en actividades de enseñanza más complejas.

La IA en la Investigación y el Apoyo Académico

La IA está transformando la investigación académica al ofrecer herramientas poderosas que mejoran el análisis de datos, optimizan las revisiones de literatura y apoyan el diseño experimental. A continuación, se presentan formas clave en las que la IA está ayudando a investigadores y estudiantes:

1. Análisis y Visualización de Datos:

Los algoritmos de IA pueden analizar grandes conjuntos de datos de forma rápida y precisa, facilitando a los investigadores la identificación de tendencias, correlaciones y patrones. Herramientas como Watson de IBM y Google's AutoML permiten a los investigadores utilizar el aprendizaje automático sin necesidad de conocimientos profundos de programación. Estas plataformas permiten construir modelos predictivos, realizar análisis complejos y visualizar datos de manera significativa.

Por ejemplo, en las ciencias sociales, la IA puede utilizarse para analizar grandes volúmenes de datos de encuestas, identificando patrones significativos y extrayendo conclusiones que serían difíciles de detectar manualmente. En la investigación científica, herramientas impulsadas por IA como AlphaFold de DeepMind han realizado contribuciones notables al predecir estructuras de proteínas, acelerando descubrimientos en bioquímica y medicina.

2. Revisiones Automatizadas de Literatura:

Realizar una revisión exhaustiva de la literatura es un proceso que consume mucho tiempo y requiere examinar cientos de artículos académicos. Herramientas de IA como Semantic Scholar e Iris.ai utilizan procesamiento de lenguaje natural (PLN) para escanear vastas bases de datos de publicaciones académicas, identificar estudios relevantes y resumir los hallazgos clave. Estas herramientas ayudan a los investigadores a mantenerse al día con los últimos avances en sus campos, ahorrando tiempo y mejorando la calidad de sus revisiones.

3. Asistencia en la Escritura Académica:

Herramientas de escritura impulsadas por IA como Grammarly y Turnitin ofrecen un valioso apoyo a estudiantes e investigadores al proporcionar retroalimentación en tiempo real sobre gramática, estilo y originalidad. Grammarly utiliza algoritmos de PLN para sugerir mejoras, haciendo la escritura académica más clara y profesional. El software de detección de plagio de Turnitin analiza los trabajos en comparación con una vasta base de datos de contenido académico, garantizando la integridad de la investigación.

Adicionalmente, herramientas impulsadas por IA como QuillBot y ChatGPT ayudan a parafrasear, resumir y generar ideas para trabajos académicos, ayudando a los estudiantes a superar el bloqueo del escritor y mejorar la calidad de sus escritos.

El Papel de la IA en el Desarrollo de Habilidades y la Preparación para el Mercado Laboral del Futuro

A medida que el mercado laboral evoluciona, la demanda de habilidades relacionadas con la IA y el análisis de datos está aumentando rápidamente. La IA no solo está cambiando el panorama de los empleos disponibles, sino que también influye en los tipos de habilidades que tienen una alta demanda. Las instituciones educativas están aprovechando la IA para ayudar a los estudiantes a desarrollar las competencias necesarias para prosperar en una fuerza laboral impulsada por la tecnología.

1. Rutas de Aprendizaje Personalizadas:

Plataformas educativas impulsadas por IA como Coursera, Udacity y LinkedIn Learning ofrecen cursos adaptados a los objetivos de aprendizaje individuales y a las aspiraciones profesionales. Al analizar las habilidades, preferencias y ritmo de aprendizaje del usuario, estas plataformas recomiendan cursos específicos y rutas de aprendizaje que se alinean con los objetivos profesionales del alumno. Este enfoque personalizado ayuda a los estudiantes a adquirir las habilidades necesarias para roles emergentes, como científicos de datos, ingenieros de IA y especialistas en marketing digital.

2. Evaluación de Habilidades y Certificación:

Las herramientas de IA también se utilizan para evaluar habilidades y proporcionar certificaciones reconocidas por los empleadores. Plataformas como Codility y HackerRank utilizan IA para evaluar las habilidades de programación, ofreciendo desafíos que ponen a prueba la capacidad de resolver problemas y el conocimiento en programación. Al completar estos desafíos, los usuarios reciben retroalimentación y pueden obtener certificaciones que demuestran su experiencia ante posibles empleadores.

3. Orientación Profesional Impulsada por IA:

La IA puede ayudar a los estudiantes a orientar sus trayectorias profesionales ofreciendo asesoramiento personalizado basado en sus habilidades, intereses y tendencias del mercado. Por ejemplo, herramientas como Pymetrics utilizan la IA para evaluar los atributos cognitivos y emocionales de un usuario a través de juegos y recomiendan opciones profesionales adecuadas. Las plataformas impulsadas por IA, como LinkedIn, también analizan los perfiles de los usuarios y los datos del mercado laboral para sugerir posibles trayectorias profesionales y el desarrollo de habilidades necesarias.

CÓMO LOS EDUCADORES PUEDEN USAR LA IA PARA MEJORAR LAS EXPERIENCIAS DE APRENDIZAJE

Los educadores desempeñan un papel crucial en la integración de tecnologías de IA en el entorno de aprendizaje, utilizando estas herramientas para mejorar los métodos de enseñanza, personalizar la instrucción y aumentar la participación de los estudiantes. Aquí se presentan varias estrategias que los educadores pueden utilizar para incorporar la IA de manera efectiva:

1. Implementar Herramientas de Evaluación Potenciadas por IA:

La IA puede ayudar a los educadores a agilizar el proceso de calificación automatizando las evaluaciones de tareas, cuestionarios y exámenes. Herramientas como Gradescope utilizan el aprendizaje automático para evaluar las entregas de los estudiantes, proporcionando retroalimentación instantánea y ahorrando tiempo a los educadores. Al automatizar tareas repetitivas, los profesores pueden centrarse más en la enseñanza interactiva y en atender las necesidades individuales de los estudiantes.

Las herramientas de evaluación basadas en IA también ofrecen información sobre el rendimiento de los estudiantes, destacando las áreas en las que tienen dificultades. Los educadores pueden utilizar estos datos para adaptar sus lecciones y brindar soporte adicional a quienes lo necesiten, mejorando la experiencia de aprendizaje en general.

2. Usar la IA para la Instrucción Personalizada:

Las tecnologías de IA permiten a los educadores crear experiencias de aprendizaje personalizadas adaptando las lecciones para satisfacer las necesidades individuales de cada estudiante. Al analizar los datos de los alumnos, la IA puede identificar deficiencias académicas y recomendar recursos o ejercicios específicos para ayudarles a mejorar. Este enfoque permite a los educadores atender diferentes estilos de aprendizaje, asegurando que cada estudiante pueda progresar a su propio ritmo.

Por ejemplo, en el aprendizaje de idiomas, plataformas potenciadas por IA como Duolingo utilizan algoritmos adaptativos para ajustar la dificultad de los ejercicios según el progreso del estudiante. Los educadores pueden usar estas plataformas como herramientas complementarias, ofreciendo oportunidades de práctica personalizadas que complementan la instrucción en el aula.

3. Mejorar la Participación en el Aula con Herramientas de IA:

La IA puede aumentar la participación de los estudiantes ofreciendo experiencias de aprendizaje interactivas e inmersivas. Herramientas de realidad virtual (VR) y realidad aumentada (AR) impulsadas por IA pueden crear simulaciones interactivas que hacen el aprendizaje más dinámico y memorable. Por ejemplo, una aplicación de VR impulsada por IA puede transportar a los estudiantes a sitios históricos o entornos científicos, ofreciendo una experiencia práctica que va más allá de los libros de texto tradicionales.

Además, los chatbots potenciados por IA pueden utilizarse en el aula para facilitar discusiones, responder a las preguntas de los estudiantes y proporcionar retroalimentación instantánea en las tareas. Estos chatbots pueden ayudar a mantener el compromiso estudiantil, especialmente en clases grandes donde la atención individual del profesor puede ser limitada.

4. Incorporar la Ética de la IA en el Currículo:

A medida que la IA se vuelve más prevalente en la sociedad, es esencial que los estudiantes comprendan sus implicaciones éticas. Los educadores pueden incorporar discusiones sobre la ética de la IA, los sesgos y el uso responsable en su plan de estudios, ayudando a los estudiantes a evaluar críticamente el impacto de las tecnologías de IA. Al fomentar la comprensión de estos temas, los educadores preparan a los estudiantes para usar la IA de manera responsable y tomar decisiones informadas en sus futuras carreras.

La IA está transformando la educación de numerosas maneras, desde mejorar el aprendizaje personalizado y apoyar la investigación académica hasta ayudar a los estudiantes a desarrollar habilidades para el mercado laboral del futuro. Al aprovechar las tecnologías de IA, los educadores pueden crear experiencias de aprendizaje más atractivas, eficientes y personalizadas. A medida que la IA continúa evolucionando, su potencial para remodelar el panorama educativo solo crecerá, ofreciendo nuevas oportunidades tanto para estudiantes como para profesores.

Aplicaciones Empresariales de la IA

La Inteligencia Artificial (IA) está transformando el panorama empresarial, revolucionando industrias al automatizar procesos, mejorar la experiencia del cliente y permitir la toma de decisiones basada en datos. Desde el servicio al cliente hasta el análisis predictivo, las aplicaciones de IA se están convirtiendo en elementos centrales de las estrategias empresariales, ayudando a las compañías a aumentar la eficiencia, reducir costos y mantenerse competitivas. Este capítulo ofrece una visión general del papel de la IA en diversas industrias, explora casos clave de uso, presenta estudios de caso sobre implementaciones exitosas de IA y ofrece orientación sobre cómo las empresas pueden comenzar a incorporar la IA en sus estrategias.

Visión general de la IA en diversas industrias

La versatilidad de la IA la hace aplicable a una amplia gama de industrias, cada una beneficiándose de manera única de sus capacidades:

1. Comercio Minorista:

En el sector minorista, la IA se utiliza para el marketing personalizado, la gestión de inventarios y el servicio al cliente. Al analizar los datos de los clientes, la IA puede predecir el comportamiento de compra, recomendar productos y adaptar las campañas de marketing a las preferencias individuales. Además, los chatbots y asistentes virtuales potenciados por IA ayudan a las empresas a proporcionar soporte al cliente las 24 horas, mejorando la experiencia de compra.

2. Salud:

La IA está revolucionando la salud al asistir en el diagnóstico, la planificación del tratamiento y la atención al paciente. Los modelos de aprendizaje automático analizan imágenes médicas para detectar enfermedades como el cáncer con alta precisión. Los asistentes virtuales de salud potenciados por IA ayudan a los pacientes a monitorear sus síntomas y ofrecen recomendaciones. Además, el análisis predictivo en salud puede prever los resultados de los pacientes, permitiendo una atención proactiva y mejorando las tasas de éxito en los tratamientos.

3. Finanzas:

La industria financiera utiliza la IA para la detección de fraudes, la evaluación de riesgos y el comercio algorítmico. Los algoritmos de IA analizan grandes conjuntos de datos para identificar actividades fraudulentas en tiempo real, protegiendo tanto a clientes como a instituciones. Los asesores robóticos utilizan la IA para proporcionar asesoramiento en inversiones personalizado, basado en perfiles de riesgo individuales. En el comercio, los algoritmos de IA ejecutan operaciones de alta frecuencia analizando las tendencias del mercado y tomando decisiones a gran velocidad.

4. Manufactura:

La IA mejora la manufactura al optimizar los procesos de producción, reducir los tiempos de inactividad y mejorar el control de calidad. El mantenimiento predictivo, impulsado por IA, monitorea el desempeño del equipo para anticipar fallas antes de que ocurran, minimizando las interrupciones. En el control de calidad, los sistemas de IA analizan los defectos de los productos, ayudando a los fabricantes a mantener altos estándares y reducir desperdicios.

5. Logística y cadena de suministro:

En logística, la IA agiliza las operaciones al optimizar la planificación de rutas, la gestión de inventarios y la previsión de la demanda. Los algoritmos de IA analizan datos históricos y factores en tiempo real como el clima y el tráfico para encontrar las rutas de entrega más eficientes, reduciendo costos y mejorando los tiempos de entrega. La previsión de la demanda basada en IA ayuda a las empresas a predecir con precisión las necesidades de inventario, reduciendo tanto el exceso de stock como la falta de existencias.

Casos de Uso Clave de la IA en los Negocios

Las aplicaciones de la IA en los negocios son diversas, pero varios casos de uso clave se destacan por su adopción generalizada y su impacto significativo:

1. Servicio al Cliente:

Las soluciones de servicio al cliente potenciadas por IA, como los chatbots y los asistentes virtuales, se han convertido en herramientas esenciales para las empresas. Los chatbots pueden manejar consultas rutinarias, proporcionar respuestas instantáneas y guiar a los clientes en tareas simples como rastrear pedidos o restablecer contraseñas. Esta automatización reduce los tiempos de espera y permite que los agentes humanos se concentren en problemas más complejos, mejorando la satisfacción general del cliente.

Por ejemplo, compañías como Sephora utilizan chatbots de IA para ayudar a los clientes con recomendaciones de productos basadas en sus preferencias y compras previas. Estos chatbots aprovechan el procesamiento del lenguaje natural (NLP) para entender las consultas de los clientes y ofrecer respuestas personalizadas, mejorando la experiencia de compra.

2. Análisis Predictivo:

El análisis predictivo implica el uso de algoritmos de IA para analizar datos históricos y hacer pronósticos sobre tendencias y comportamientos futuros. En marketing, el análisis predictivo ayuda a las empresas a anticipar las necesidades de los clientes, optimizar las campañas y mejorar la segmentación. Por ejemplo, Netflix utiliza la IA para predecir qué programas es probable que vea un usuario según su historial de visualización, ayudando a personalizar las recomendaciones de contenido.

En la gestión de la cadena de suministro, el análisis predictivo permite a las empresas prever la demanda con precisión, optimizar los niveles de inventario y prevenir la escasez. Esta capacidad es crucial para industrias como el comercio minorista, donde la demanda de los clientes puede fluctuar debido a la estacionalidad, promociones y tendencias del mercado.

3. Automatización de Procesos:

La Automatización Robótica de Procesos (RPA) utiliza la IA para automatizar tareas repetitivas y basadas en reglas, como la entrada de datos, la facturación y el procesamiento de nóminas. La RPA puede manejar grandes volúmenes de transacciones de manera rápida y precisa, reduciendo la necesidad de intervención manual y minimizando errores. Esta automatización permite a los empleados concentrarse en tareas más estratégicas y creativas.

Por ejemplo, instituciones financieras como JPMorgan Chase utilizan RPA impulsado por IA para procesar solicitudes de préstamos de forma más rápida. Al automatizar el proceso de revisión y verificación de documentos, los bancos pueden reducir significativamente los tiempos de procesamiento, mejorar la precisión y aumentar la satisfacción del cliente.

4. Soporte para la Toma de Decisiones:

Los sistemas de soporte para la toma de decisiones (DSS) potenciados por IA ayudan a las empresas a tomar decisiones informadas al analizar datos y proporcionar información accionable. Estos sistemas utilizan aprendizaje automático y análisis de datos para identificar tendencias, patrones y riesgos potenciales, permitiendo que las empresas tomen decisiones basadas en datos.

Por ejemplo, el motor de recomendaciones de Amazon es un sistema de apoyo a la toma de decisiones impulsado por IA que analiza los datos de los clientes para sugerir productos basándose en compras previas, historial de navegación y preferencias. Este enfoque ayuda a aumentar las ventas y a mejorar la experiencia del cliente al proporcionar sugerencias de productos personalizadas.

Estudios de Caso de Empresas que Implementan la IA con Éxito

1. Netflix – Recomendaciones Personalizadas:

Netflix es un ejemplo destacado de cómo la IA puede emplearse para mejorar la experiencia del cliente. La empresa utiliza algoritmos de aprendizaje automático para analizar el historial de visualización y las preferencias de los usuarios, generando recomendaciones de contenido personalizadas. Este enfoque personalizado ha contribuido significativamente a la retención de usuarios, ya que los clientes tienden a mantenerse comprometidos con la plataforma cuando reciben sugerencias de contenido relevantes. Se estima que el motor de recomendaciones de Netflix le ahorra a la compañía más de $1 mil millones anuales al reducir la pérdida de clientes.

2. Tesla – Conducción Autónoma:

Tesla está a la vanguardia en el uso de la IA para la conducción autónoma. Los vehículos de la empresa están equipados con sistemas avanzados de IA que utilizan visión por computadora, aprendizaje automático y deep learning para interpretar datos en tiempo real provenientes de sensores y cámaras. La función Autopilot de Tesla puede realizar tareas como mantener el carril, controlar la velocidad de crucero de forma adaptativa y estacionarse automáticamente, mejorando la experiencia de conducción y la seguridad. El éxito de Tesla en la implementación de la IA en sus automóviles ha posicionado a la compañía como líder en la industria de los vehículos autónomos.

3. Amazon – Optimización de la Cadena de Suministro:

Amazon utiliza la IA de manera extensiva para optimizar sus operaciones de cadena de suministro. La empresa emplea analíticas predictivas para prever la demanda y gestionar los niveles de inventario de manera efectiva. Los algoritmos de aprendizaje automático analizan los datos de los clientes, las ventas históricas y factores externos como los patrones climáticos para anticipar con precisión la demanda de productos. Esto permite a Amazon abastecer sus almacenes de manera eficiente y garantizar tiempos de entrega rápidos. El uso de la IA en la logística ha sido un factor clave en su capacidad para ofrecer servicios de entrega el mismo día y al día siguiente.

Cómo las Empresas pueden Comenzar a Incorporar la IA en sus Estrategias

Adoptar la IA puede parecer abrumador para las empresas, especialmente para aquellas que son nuevas en esta tecnología. Sin embargo, compañías de todos los tamaños pueden integrar la IA en sus operaciones siguiendo un enfoque estratégico:

1. Identificar las Necesidades Empresariales:

El primer paso para incorporar la IA es identificar problemas empresariales específicos o áreas donde la IA pueda aportar valor. Esto podría incluir mejorar el servicio al cliente, optimizar los esfuerzos de marketing o simplificar los procesos internos. Al definir objetivos claros, las empresas pueden concentrar sus esfuerzos en implementar soluciones de IA que aborden directamente sus necesidades.

2. Comenzar en Pequeño con Proyectos Piloto:

En lugar de una implementación a gran escala, las empresas deberían comenzar con proyectos piloto para probar las tecnologías de IA en menor medida. Esto permite a las compañías experimentar, recabar opiniones y realizar ajustes sin asumir riesgos significativos. Por ejemplo, una empresa podría implementar un chatbot en su sitio web para atender consultas frecuentes de los clientes antes de expandirse a aplicaciones más complejas.

3. Aprovechar las Herramientas y Plataformas de IA existentes:

Las empresas no necesitan construir sistemas de IA desde cero. Existen numerosas herramientas y plataformas de IA disponibles que pueden personalizarse para satisfacer necesidades específicas. Servicios como Google Cloud AI, Microsoft Azure AI y IBM Watson brindan a las empresas la infraestructura y las herramientas para desarrollar y desplegar aplicaciones de IA de manera eficiente.

4. Invertir en Habilidades y Formación en IA:

Para una adopción exitosa de la IA, las empresas deben invertir en el desarrollo de habilidades y en la formación de sus empleados. Esto incluye la contratación de científicos de datos, especialistas en IA y desarrolladores de software con conocimientos en aprendizaje automático. Además, es fundamental ofrecer capacitación al personal existente sobre cómo utilizar las herramientas de IA e interpretar los análisis de datos para integrar la IA en las operaciones diarias de la empresa.

5. Enfocarse en la Calidad de los Datos:

La IA depende en gran medida de datos de alta calidad para producir resultados precisos. Las empresas deben asegurarse de contar con prácticas sólidas de gestión de datos para recopilar, depurar y organizar la información de manera efectiva. La implementación de políticas de gobernanza de datos y el uso de herramientas de análisis de datos pueden ayudar a las empresas a mantener la integridad y precisión de sus datos.

6. Monitorear y Evaluar el Rendimiento:

Una vez que se implementen las soluciones de IA, es crucial monitorear continuamente su rendimiento. Las empresas deben seguir indicadores clave de rendimiento (KPIs) y evaluar si las aplicaciones de IA están cumpliendo sus objetivos. La evaluación regular permite a las compañías realizar los ajustes necesarios, optimizar los procesos y maximizar los beneficios de sus inversiones en IA.

La IA está transformando el mundo empresarial, ofreciendo soluciones innovadoras que impulsan la eficiencia, mejoran la experiencia del cliente y proporcionan información valiosa.

Al comprender los casos de uso clave y las implementaciones exitosas de la IA, las empresas pueden identificar oportunidades para integrar estas tecnologías en sus operaciones. Comenzar con proyectos piloto, aprovechar las herramientas existentes e invertir en el desarrollo de habilidades puede ayudar a las compañías a adoptar la IA de forma estratégica, posicionándolas para el éxito a largo plazo en un mercado de rápida evolución.

Cómo Abordar la IA como Individuo

La inteligencia artificial (IA) ya no es un concepto confinado a laboratorios de investigación y grandes empresas tecnológicas; ahora es parte de nuestra vida cotidiana. Nos demos cuenta o no, la IA influye en todo, desde la forma en que interactuamos en línea hasta las decisiones que tomamos en función de las recomendaciones de los algoritmos. A medida que la IA continúa evolucionando, los individuos deben equiparse con el conocimiento y las habilidades necesarias para navegar de manera efectiva en este panorama de cambio rápido. Este capítulo explora cómo mantenerse informado sobre la IA, ofrece recursos para un aprendizaje adicional y analiza cómo interactuar de forma responsable con las tecnologías de IA.

Consejos para Mantenerse Informado y Comprender el Impacto de la IA en tu Campo

1. Identificar las Tendencias de IA en tu Industria:

El impacto de la IA varía significativamente entre industrias. Por ejemplo, en el sector de la salud, la IA está transformando el diagnóstico y la atención al paciente a través de analíticas predictivas e imágenes médicas. En el sector financiero, la IA está redefiniendo la detección de fraudes y las estrategias de inversión. En el comercio minorista, impulsa las recomendaciones personalizadas y los chatbots de servicio al cliente. Comprender cómo se aplica la IA en tu campo puede proporcionar perspectivas sobre tendencias emergentes y oportunidades.

Para mantenerse informado, lee regularmente publicaciones e informes específicos de la industria que destaquen los últimos avances en IA. Sitios web como MIT Technology Review, Wired y TechCrunch a menudo presentan análisis profundos sobre las tendencias en IA. Además, muchas industrias cuentan con conferencias y eventos dedicados, tales como el AI in Healthcare Summit o el AI in Retail Conference, donde expertos discuten las aplicaciones actuales y las orientaciones futuras. Asistir a dichos eventos, ya sea en persona o de manera virtual, puede ayudarte a comprender mejor cómo la IA está configurando tu sector.

2. Seguir a los Principales Líderes de Pensamiento y Organizaciones de IA:

Otra forma efectiva de mantenerse al tanto de los desarrollos en IA es seguir a líderes de pensamiento, investigadores y organizaciones que están a la vanguardia en la investigación e implementación de la IA. Figuras destacadas como Andrew Ng, Fei-Fei Li y Elon Musk suelen compartir sus ideas sobre el futuro de la IA y sus implicaciones sociales. De manera similar, empresas como OpenAI, Google DeepMind e IBM Watson publican frecuentemente documentos de investigación y artículos que arrojan luz sobre las tecnologías de IA de última generación.

Interactuar con estas voces en plataformas como Twitter, LinkedIn y Medium puede proporcionarte actualizaciones regulares sobre los avances en IA. Muchos líderes de pensamiento también ofrecen boletines informativos o blogs que recopilan los últimos hallazgos de investigaciones y noticias de la industria, facilitándote el mantenerse informado.

3. Participar en Comunidades y Foros en Línea:

Las comunidades y foros en línea pueden ser recursos valiosos para mantenerse informado sobre la IA. Plataformas como r/MachineLearning y r/ArtificialIntelligence de Reddit, así como foros especializados como la sección de IA de Stack Overflow, te permiten interactuar con otros entusiastas, hacer preguntas y compartir conocimientos. Estas comunidades a menudo discuten los avances recientes, aplicaciones prácticas y consideraciones éticas en la IA, proporcionando un espacio para el aprendizaje y el diálogo continuo.

Además, unirse a grupos profesionales en LinkedIn relacionados con la IA y la ciencia de datos puede conectarte con profesionales de la industria que comparten información y recursos valiosos. Participar en debates y establecer contactos con otros interesados en la IA puede ayudarte a estar al día con los últimos avances y ampliar tu comprensión del campo.

RECURSOS PARA APRENDER MÁS SOBRE LA IA

1. Cursos y Certificaciones en Línea:

Con la creciente disponibilidad de la educación en línea, existen numerosos cursos y programas de certificación diseñados para enseñar a las personas sobre la IA, sin importar su nivel previo de conocimiento. Plataformas como Coursera, edX, Udacity y LinkedIn Learning ofrecen una variedad de cursos de IA, desde niveles principiantes hasta avanzados.

• Introducción a la IA: Cursos como Elements of AI de la Universidad de Helsinki ofrecen una visión general de los conceptos de IA de forma accesible para principiantes sin requerir conocimientos técnicos.

• Especializaciones en Aprendizaje Automático: Si deseas una comprensión más profunda, podrías considerar tomar el curso de Machine Learning de Andrew Ng en Coursera, que abarca conceptos y algoritmos fundamentales.

• IA para Todos: Dirigido a un público más amplio, IA for Everyone de Andrew Ng se centra en aspectos no técnicos de la IA, proporcionando conocimientos sobre sus aplicaciones empresariales e impacto social.

Obtener certificaciones de plataformas reputadas puede ayudarte a ganar credibilidad y demostrar tu comprensión de los conceptos de IA, lo que facilita aprovechar la IA en tu carrera.

2. Libros y Publicaciones:

Leer libros escritos por expertos en el campo puede proporcionar una comprensión integral de la IA, su historia y su potencial futuro. Algunos títulos altamente recomendados incluyen:

• Artificial Intelligence: A Guide for Thinking Humans de Melanie Mitchell: Este libro ofrece una introducción accesible a la IA, discutiendo sus capacidades y limitaciones.

• Life 3.0: Being Human in the Age of Artificial Intelligence de Max Tegmark: Este libro explora el impacto de la IA en la sociedad y el futuro de la humanidad.

• Superintelligence: Paths, Dangers, Strategies de Nick Bostrom: Este libro profundiza en los riesgos potenciales y los desafíos éticos que plantean los sistemas avanzados de IA.

Además, suscribirse a revistas y publicaciones de renombre, como Journal of Artificial Intelligence Research o IEEE Spectrum, puede mantenerte actualizado con las últimas investigaciones y desarrollos en el campo.

3. Podcasts y Videos:

Para aquellos que prefieren el aprendizaje auditivo o visual, los podcasts y los canales de YouTube pueden ser excelentes fuentes de información. Podcasts populares de IA como The AI Alignment Podcast, Lex Fridman Podcast y AI Today presentan entrevistas con expertos y discusiones sobre tendencias de la IA, cuestiones éticas y posibilidades futuras. Canales de YouTube como Two Minute Papers y CrashCourse AI ofrecen videos informativos que desglosan temas complejos de IA en contenidos fácilmente digeribles.

CÓMO INVOLUCRARSE RESPONSABLEMENTE CON LA TECNOLOGÍA DE IA

1. Toma en Cuenta las Consideraciones Éticas:

Como individuo que interactúa con la IA, es crucial estar consciente de las implicaciones éticas de utilizar tecnologías de IA. Cuestiones como el sesgo, la privacidad y la transparencia son fundamentales para el uso responsable de la IA. Por ejemplo, los sistemas de reconocimiento facial han sido criticados por su falta de precisión y los posibles sesgos contra ciertos grupos demográficos. Al usar herramientas de IA, es esencial comprender cómo funcionan y considerar las consecuencias potenciales de su uso.

Antes de adoptar una herramienta de IA, investiga sus algoritmos subyacentes, las fuentes de datos y las directrices éticas. Elige herramientas desarrolladas por empresas que prioricen la equidad, la responsabilidad y la transparencia en sus sistemas de IA. Además, ten en cuenta la privacidad de los datos y evita usar aplicaciones de IA que puedan comprometer tu información personal.

2. Comprende las Limitaciones de la IA:

Los sistemas de IA, a pesar de sus capacidades, tienen limitaciones. Están diseñados para reconocer patrones en los datos y hacer predicciones basadas en esos datos, pero pueden tener dificultades en contextos desconocidos o con entradas inesperadas. Por ejemplo, mientras que la IA puede sobresalir en tareas específicas como el reconocimiento de imágenes, puede fallar en tareas que requieren razonamiento complejo o sentido común.

Al utilizar herramientas de IA, es fundamental comprender que no son infalibles y pueden producir resultados incorrectos o sesgados. Siempre verifica los resultados de las aplicaciones de IA, especialmente al tomar decisiones importantes basadas en sus recomendaciones. Esta conciencia te ayudará a utilizar la IA de manera eficaz, mitigando los riesgos potenciales.

3. Aboga por la Transparencia y la Equidad:

Como usuario de IA, puedes contribuir al desarrollo responsable de la IA abogando por la transparencia y la equidad. Apoya a empresas y organizaciones que se comprometan con prácticas éticas en la IA, como minimizar el sesgo en sus algoritmos y proporcionar explicaciones claras de cómo funcionan sus sistemas de IA. Al elegir productos de IA éticos, ayudas a promover la innovación responsable.

Además, si notas sesgos o inexactitudes en una herramienta de IA, repórtalos a los desarrolladores. Proporcionar retroalimentación puede ayudar a mejorar el sistema y hacerlo más fiable y equitativo. Participar en discusiones sobre la ética de la IA y crear conciencia sobre los posibles problemas también puede contribuir al desarrollo de tecnologías de IA más justas y responsables.

4. Mantente Curioso y Adaptable:

El campo de la IA está evolucionando rápidamente, y nuevas herramientas, aplicaciones y desafíos éticos están surgiendo con regularidad. Para involucrarte de manera efectiva con la IA, mantén una mentalidad curiosa y está abierto a aprender. Aprovecha las oportunidades para experimentar con nuevas tecnologías de IA, ya sea usando un asistente virtual para organizar tu agenda o explorando herramientas de creatividad impulsadas por IA.

Mantener una actitud adaptable te permitirá aprovechar el potencial de la IA mientras permaneces alerta a sus limitaciones y riesgos. Mantenerte informado, aprender continuamente y participar activamente en conversaciones sobre la IA te facultará para navegar el mundo impulsado por la IA de manera responsable y segura.

Abordar la IA como individuo requiere una mentalidad proactiva, un compromiso con el aprendizaje continuo y un enfoque ético en el uso de la tecnología. Al mantenerte informado sobre las tendencias de la IA, utilizar recursos educativos y participar responsablemente con las herramientas de IA, puedes aprovechar el poder de la IA en tu vida personal y profesional. A medida que la IA continúa transformando industrias y remodelando nuestra sociedad, las personas equipadas con el conocimiento y las habilidades adecuadas estarán en mejor posición para utilizar estas tecnologías de manera eficaz y responsable.

Epílogo

Al concluir este viaje para entender la inteligencia artificial (IA), es evidente que la IA ha pasado de ser un concepto futurista a ser una parte integral de nuestra vida diaria. A lo largo de este libro, hemos explorado qué es la IA, profundizado en su rica historia, examinado su estado actual y analizado sus numerosas aplicaciones en contextos personales, educativos y empresariales. Hemos visto cómo la IA ha evolucionado de ideas especulativas tempranas a sistemas poderosos y sofisticados capaces de transformar industrias y remodelar las normas sociales.

Una de las conclusiones clave es la gran variedad de tecnologías de IA disponibles hoy en día. Desde simples algoritmos de recomendación hasta complejos modelos de deep learning, la IA posee una amplia gama de capacidades que pueden resolver problemas, mejorar la productividad y ofrecer experiencias personalizadas. Comprender las diferencias entre la IA, el machine learning y la ciencia de datos es crucial, ya que cada uno juega un papel único en el desarrollo y la utilización de sistemas inteligentes. Mientras que la IA es el campo general, el machine learning se centra en algoritmos que aprenden de los datos, y el deep learning, una subcategoría del machine learning, utiliza redes neuronales para modelar y predecir patrones complejos.

La historia de la IA se caracteriza por períodos de progreso rápido, avances significativos y ocasionales retrocesos conocidos como "inviernos de la IA". Sin embargo, la resiliencia de los investigadores y el creciente interés en el potencial de la IA han llevado a un resurgimiento del interés, particularmente en el siglo XXI. Hoy en día, vemos el impacto de la IA en el procesamiento del lenguaje natural, el reconocimiento de imágenes, la robótica y diversas áreas. Empresas como OpenAI, Google DeepMind e IBM Watson están liderando la marcha, empujando los límites de lo que la IA puede lograr.

Las aplicaciones de la IA en el mundo real son extensas. A nivel personal, la IA mejora nuestras actividades diarias a través de asistentes de voz, sistemas de recomendación y dispositivos inteligentes para el hogar. En la educación, las plataformas impulsadas por IA ofrecen experiencias de aprendizaje personalizadas y apoyo académico, preparando a los estudiantes para un mercado laboral impulsado por la tecnología. En el ámbito empresarial, la IA está transformando el servicio al cliente, optimizando las cadenas de suministro y proporcionando herramientas poderosas para la toma de decisiones. Estos diversos casos de uso demuestran la versatilidad de la IA y su potencial para impulsar cambios significativos en múltiples áreas de nuestras vidas.

Sin embargo, con gran poder viene una gran responsabilidad. A medida que la IA continúa integrándose en diversas facetas de la sociedad, es esencial considerar sus implicaciones éticas. Cuestiones como el sesgo en los algoritmos de la IA, las preocupaciones sobre la privacidad y la necesidad de transparencia en la toma de decisiones de la IA están cobrando cada vez más importancia. El uso responsable de la IA no se trata solo de aprovechar la tecnología de manera eficaz; también implica comprender y mitigar los riesgos potenciales. Participar de manera responsable con la IA significa estar consciente de estos desafíos, abogar por la equidad y la responsabilidad, y tomar decisiones informadas al utilizar herramientas de IA.

El camino para comprender la IA no termina aquí. Este campo está en constante evolución, con nuevos desarrollos, oportunidades y desafíos que surgen regularmente. Para las personas, mantenerse informado y aprender continuamente sobre la IA es esencial para seguir siendo adaptable en un panorama tecnológico que cambia rápidamente. Ya sea que seas un profesional de la industria buscando integrar la IA en tu trabajo, un educador explorando formas de mejorar las experiencias de aprendizaje, o simplemente alguien curioso sobre el futuro de la tecnología, existen innumerables recursos disponibles para profundizar tu conocimiento.

En conclusión, la IA tiene el potencial de ser una fuerza transformadora para el bien, pero su impacto depende de cómo decidamos interactuar con ella. Al abordar la IA con una disposición para aprender, un compromiso con las prácticas éticas y una mente abierta a sus posibilidades, podemos aprovechar su poder para crear un futuro mejor, más eficiente y equitativo. La exploración de la IA apenas comienza, y los próximos pasos que tomes en este camino pueden moldear no solo tu comprensión, sino también el mundo que te rodea. Acepta el desafío, sigue aprendiendo y participa en la conversación que definirá el futuro de la inteligencia artificial.

Referencias y Citas

La información proporcionada a lo largo de los capítulos de este libro se extrae de una variedad de fuentes de renombre, ofreciendo una perspectiva amplia sobre la inteligencia artificial (IA), su historia, aplicaciones e implicaciones sociales. A continuación se presenta una lista de referencias y citas clave utilizadas para recopilar los conocimientos expuestos.

1. Russell, S., & Norvig, P. (2010). Artificial Intelligence: A Modern Approach (3rd ed.). Prentice Hall.

• Este libro de texto integral proporcionó conocimientos fundamentales sobre las definiciones de la IA, el machine learning y las redes neuronales. Es un recurso líder en el campo, que abarca desde conceptos básicos hasta algoritmos avanzados.

2. Goodfellow, I., Bengio, Y., & Courville, A. (2016). Deep Learning. MIT Press.

• El libro ofreció una explicación detallada del aprendizaje profundo y su relevancia dentro del panorama general de la inteligencia artificial, incluyendo discusiones sobre redes neuronales y los avances en las tecnologías de la IA.

3. Domingos, P. (2015). The Master Algorithm: How the Quest for the Ultimate Learning Machine Will Remake Our World. Basic Books.

• Este recurso fue fundamental para explorar la evolución del aprendizaje automático y los diversos paradigmas dentro de la IA, ayudando a clarificar las diferencias entre inteligencia artificial, aprendizaje automático y ciencia de datos.

4. Tegmark, M. (2017). Life 3.0: Being Human in the Age of Artificial Intelligence. Knopf.

• El libro de Max Tegmark ofreció una perspectiva futurista sobre el impacto potencial de la IA en la sociedad, incluyendo consideraciones éticas y el futuro desarrollo de la inteligencia artificial.

5. Bostrom, N. (2014). Superintelligence: Paths, Dangers, Strategies. Oxford University Press.

• Este texto se utilizó para analizar los riesgos potenciales de sistemas avanzados de IA y la importancia de un desarrollo responsable de la inteligencia artificial, particularmente en el contexto de la seguridad y las preocupaciones éticas.

6. Marr, B. (2020). Artificial Intelligence in Practice: How 50 Successful Companies Used AI and Machine Learning to Solve Problems. Wiley.

• Este libro ofreció perspectivas prácticas y estudios de caso de empresas que implementaron con éxito la IA en diversas industrias, proporcionando ejemplos reales de sus aplicaciones empresariales.

7. Haenlein, M., & Kaplan, A. (2019). "A Brief History of Artificial Intelligence: On the Past, Present, and Future of Artificial Intelligence." California Management Review, 61(4), 5–14.

• Este artículo proporcionó una visión general de la historia de la IA, incluyendo hitos significativos, inviernos de la inteligencia artificial y resurgimientos recientes, aspectos esenciales para comprender la evolución del campo.

8. Plataformas de Aprendizaje en Línea: Coursera, edX y Udacity

• Estas plataformas se mencionaron como recursos educativos donde los lectores pueden encontrar cursos sobre IA, aprendizaje automático y ciencia de datos para profundizar en el conocimiento de la materia.

9. Informes de la Industria: McKinsey & Company, PwC y Gartner

• Los informes de estas firmas consultoras ofrecieron perspectivas sobre las tecnologías actuales de la IA, las tendencias del sector y predicciones sobre el estado futuro de la inteligencia artificial, especialmente en contextos empresariales y educativos.

10. Publicaciones de Investigación de OpenAI y Google DeepMind

• Los artículos y trabajos de investigación más recientes de estas destacadas organizaciones de IA se utilizaron para recopilar información sobre desarrollos de vanguardia en la inteligencia artificial, como los avances en el procesamiento del lenguaje natural y la robótica.

11. Mitchell, M. (2019). Artificial Intelligence: A Guide for Thinking Humans. Farrar, Straus and Giroux.

• El libro de Melanie Mitchell ayudó a explicar conceptos complejos de la IA en términos accesibles, siendo de gran utilidad para introducir temas clave en los primeros capítulos del libro.

12. Podcasts y Recursos en Línea: Lex Fridman Podcast, AI Alignment Podcast y MIT Technology Review

• Estas fuentes ofrecieron perspectivas contemporáneas y entrevistas con expertos que enriquecieron las discusiones sobre el estado actual de la IA, así como sus impactos éticos y sociales.